图说

电力“反违章 防事故”手册

防物体打击和机械伤害

北京中电方大科技股份有限公司 组编

编写人员

王军芳 雷梓淇 秦 玥 吴思雨 郭起行 李越冰
陈锦富 王华倩 邵 波 张春新 金天寅 周大勇
邓畅宇 陈 明 陈艳军 常毅君 吴桐国 刘红革
邓俊宇 黄克勤 雷梓萌 白玉茹 张 禹 赵 蕾

中国电力出版社
CHINA ELECTRIC POWER PRESS

内 容 提 要

《图说电力“反违章 防事故”手册》以漫画形式表现了电力企业生产过程中，由于《安规》执行不到位、安全措施不落实、反违章意识不强、人员作业行为不规范等原因导致的生产安全事故，用简洁明了的语言、幽默风趣的漫画，使读者在阅读的同时，生动直观地认知违章危害、深究违章原因、学习规范作业、强化反违章意识。

《图说电力“反违章 防事故”手册》分为六个分册。本书是《防物体打击和机械伤害》分册，书中共列举了25个电力企业作业中的常见违章点。

本书适合电力生产一线人员学习使用，可作为电力工作者学习安全知识、了解安全规定、提高防范能力、强化反违章意识的学习材料，是电力企业开展“安全生产月”学习活动的理想用书。

图书在版编目（CIP）数据

图说电力“反违章　防事故”手册．防物体打击和机械伤害 / 北京中电方大科技股份有限公司组编．— 北京：中国电力出版社，2023.5 (2024.6重印)
ISBN 978-7-5198-7792-7

Ⅰ．①图… Ⅱ．①北… Ⅲ．①电力工业－安全生产－手册②电力工业－安全生产－违章作业－手册 Ⅳ．①TM08-62

中国国家版本馆 CIP 数据核字 (2023) 第 076814 号

出版发行：中国电力出版社
地　　址：北京市东城区北京站西街 19 号
（邮政编码 100005）
网　　址：http://www.cepp.sgcc.com.cn
责任编辑：孙　芳（010-63412381）
责任校对：朱丽芳
装帧设计：沈阳红石榴文化传媒有限公司
责任印制：吴　迪

印　　刷：北京九天鸿程印刷有限责任公司
版　　次：2023 年 5 月第一版
印　　次：2024 年 6 月北京第二次印刷
开　　本：787 毫米 ×1092 毫米 24 开本
印　　张：2.5
字　　数：30 千字
印　　数：2001—3000 册
定　　价：25.00 元

前言

电力生产的客观规律和电力在国民经济中的特殊地位，决定了电力生产必须树立以人为本，坚持人民至上、生命至上的安全生产理念，坚持“安全第一、预防为主、综合治理”的安全生产方针。电力生产具有生产环节多、现场带电设备多、交叉作业多的特点。在电力企业，有95%以上的生产安全事故，是由违章引发的。因此，要有效地预防生产安全事故，就必须遏制违章。

为帮助广大电力生产相关人员提高对安全作业的重视，加深对反违章的理解，发挥事故案例警示教育在反违章工作中的作用，特编写《图说电力“反违章 防事故”手册》，丛书分为防车辆伤害，防触电，防火防爆、防中毒和窒息，防高处坠落，防起重伤害，防物体打击和机械伤害六个分册。

本书是《图说电力“反违章 防事故”手册》的《防物体打击和机械伤害》分册，书中列举了25个常见违章点。针对每个违章点，列举一个违章案例，通过文字对违章表现进行描述，配以漫画对违章现场进行还原；对每个违章案例，提出了违章依据，配以漫画对规范作业现场进行展示。本书图文并茂，具有语言简洁明了、漫画生动直观的特点。所述违章案例贴近一线、结合实际、类型丰富，配图生动形象、如临现场，力图达到企业全员珍爱自己和他人的生命，自己不发生违章，又要及时纠正他人发生的违章，从源头上控制生产安全事故发生的目的。

由于编者水平有限，书中的疏漏和差错在所难免，欢迎各位读者批评指正。

编者

2023年4月

目录

违章点 1 安全帽佩戴不规范

◎ 违章表现

安全帽帽带没扣，在异常情况下易造成安全帽脱落，失去对头部的防护，造成人身伤害。

◎ 违章现场

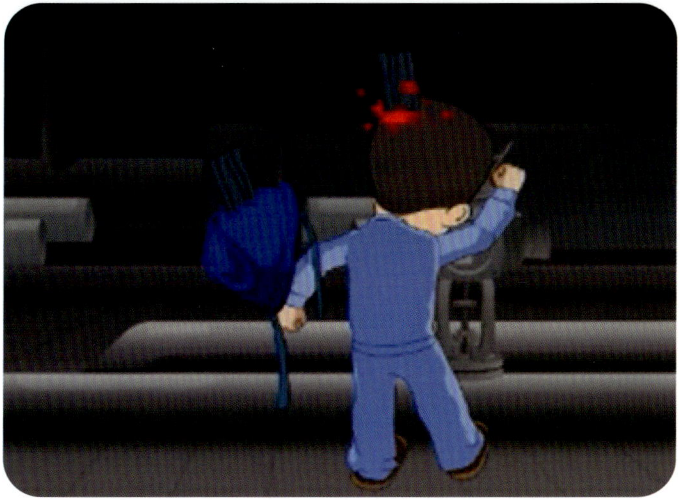

◎ 依据

《安规》规定：任何人进入生产现场（办公室、控制室、值班室和检修班组室除外），必须正确佩戴安全帽。

◎ 规范作业

违章点 2 高处作业未采取任何防护措施

◎ 违章表现

未采取任何防止高处落物的措施，使高处落物造成人身伤害。如：高处作业不使用工具袋或其他防掉物措施，当工具掉落时砸伤下面工作人员，甚至造成伤亡事故。

◎ 违章现场

◎ 依据

《安规》规定：高处作业应一律使用工具袋。较大的工具应用绳拴在牢固的构件上，不准随便乱放，以防止物件从高处坠落发生事故。

◎ 规范作业

违章点 3 高处作业下方未设立警戒区、未设专人看护

◎ 违章表现

设立安全警戒区是为了对危险区域进行隔离和警示告知。在高处作业下方不设立警戒区，人员误入危险区域范围，发生因高处落物而造成的人身伤害事故。

◎ 违章现场

◎ 依据

《安规》规定：在进行高处作业时，除有关人员外，不准他人在工作地点下方通行或逗留，工作地点下方应有围栏或装设其他保护装置，防止落物伤人。如在格栅式的平台上工作，应采取防止工具和器材掉落的措施。

◎ 规范作业

违章点 4 高处作业上下抛掷工具

◎ 违章表现

上下抛掷工具时，工具掉落砸伤下面工作人员，造成落物砸伤事故。

◎ 违章现场

◎ 依据

《安规》规定：不准将工具及材料上下投掷，要用绳系牢后吊送，以免砸伤下方工作人员或击毁脚手架。

◎ 规范作业

违章点 5 没有切断转动机器的电源就开始进行检修工作

◎ 违章表现

转动机器检修时，未履行工作票手续，未切断电动机的电源，就开始进行检修工作，工作中转动机器突然启动，对检修人员造成人身伤害。

◎ 违章现场

◎ 依据

《安规》规定：维修中的机器应做好防止转动的安全措施，如：切断电源（电动机的开关、刀闸或熔丝应拉开；开关操作电源的熔丝也应取下；DCS操作画面上也应设置“禁止操作”），切断风源、水源、气源、汽源、油源。必要时还应采取可靠的制动措施。

《安规》规定：在一经合闸即可送电到检修设备的断路器（开关）和隔离开关（刀闸）操作把手上挂“禁止合闸，有人工作!”警告牌。

◎ 规范作业

转动机器检修一定要做好防止突然转动的措施

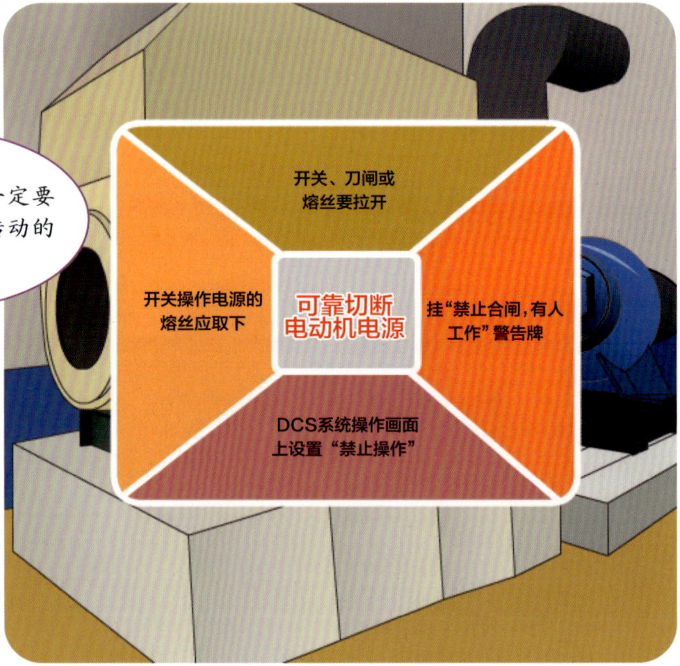
开关、刀闸或熔丝要拉开
开关操作电源的熔丝应取下
可靠切断电动机电源
挂“禁止合闸，有人工作”警告牌
DCS系统操作画面上设置“禁止操作”

违章点 6 平台栏杆下部没有安装护板工具掉落砸伤人

◎ 违章表现

工作现场作业平台栏杆下部没有装设护板，检修作业过程中，零件从作业平台掉落，砸伤下面的工作人员。

◎ 违章现场

◎ 依据

《安规》规定：所有升降口、大小孔洞、楼梯和平台，必须装设不低于1200mm高的栏杆和不低于180mm高的护板。如在检修期间需将栏杆拆除时，必须装设牢固的临时遮栏和明显的警告标志，并在检修结束时将栏杆立即装回。

◎ 规范作业

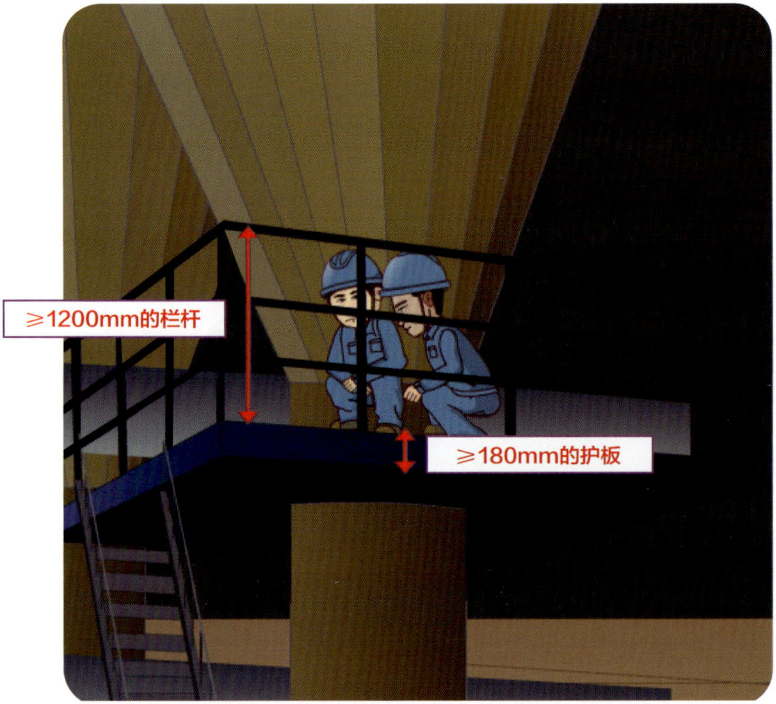

违章点 7 砂轮机无防护罩或站在砂轮机正面磨削工件

◎ 违章表现

砂轮机没有防护罩、砂轮片有裂纹、操作人员站在砂轮机正面磨削工件、两人同时使用一个砂轮机、操作人员没有戴防护眼镜等，造成使用中砂轮碎裂、飞出伤人。

◎ 违章现场

◎ 依据

《安规》规定：砂轮机必须装有用钢板制成、有足够强度的防护罩。使用前必须检查砂轮片，应无裂纹等缺陷。使用砂轮机时，禁止撞击，禁止用砂轮的侧面磨削，严禁站在砂轮机的正面操作，严禁两人同时使用一个砂轮机，操作人员应戴合格的防护眼镜、防护面罩。

◎ 规范作业

违章点 8 女员工未将长发盘在安全帽内

◎ 违章表现

女员工未将长发盘在安全帽内，当工作人员靠近转动机械时，长发易被转动机械卷入，造成人身伤害。

◎ 违章现场

◎ 依据

《安规》规定：作业人员的穿戴和装扮不应有可能被转动机械绞住的部分和可能卡住的部分；作业人员进入生产现场必须穿着合体的工作服；所有进入生产现场的人员，衣服和袖口必须扣好；禁止穿戴围巾、长衣服、裙子、领带等易被转动机械卷入的物品；禁止穿拖鞋、凉鞋、高跟鞋和带钉子的鞋；辫子、长发必须盘在工作帽或安全帽内。

◎ 规范作业

违章点 9 工作现场穿高跟鞋、凉鞋

◎ 违章表现

工作人员在生产现场穿高跟鞋、凉鞋，若地面不平或走在格栅平台时，易造成腿脚部伤害，上下楼梯时易造成高处坠落等人身伤害事故。

◎ 违章现场

◎ 依据

《安规》规定：作业人员的穿戴和装扮不应有可能被转动机械绞住的部分和可能卡住的部分；作业人员进入生产现场必须穿着合体的工作服；所有进入生产现场的人员，衣服和袖口必须扣好；禁止穿戴围巾、长衣服、裙子、领带等易被转动机械卷入的物品；禁止穿拖鞋、凉鞋、高跟鞋和带钉子的鞋；辫子、长发必须盘在工作帽或安全帽内。

◎ 规范作业

违章点 10 工作服穿着不合格

◎ 违章表现

工作人员衣扣和袖口未扣好，在靠近转动机械处时，因转动机械的旋转作用，工作服易被转动机械卷入，造成人身伤害。

◎ 违章现场

◎ 依据

《安规》规定：作业人员的穿戴和装扮不应有可能被转动机械绞住的部分和可能卡住的部分；作业人员进入生产现场必须穿着合体的工作服；所有进入生产现场的人员，衣服和袖口必须扣好；禁止穿戴围巾、长衣服、裙子、领带等易被卷入的物品。

◎ 规范作业

违章点 11 进入高噪声场所没有佩戴护耳器

◎ 违章表现

生产场所是噪声产生的源头，工作人员应根据作业场所噪声强度情况配置相应的护耳器，以防止损伤耳膜，如果不佩戴护耳器，可能造成工作人员耳膜伤害。

◎ 违章现场

◎ 依据

《安规》规定：用人单位必须采用有效的职业病防护设施，并为劳动者提供个人使用的职业病防护用品。

《用人单位劳动防护用品管理规范》规定：接触噪声的劳动者，当暴露于80dB≤LEX，8h＜85dB 的工作场所时，用人单位应当根据劳动者需求为其配备适用的护听器；当暴露于LEX，8h≥85dB 的工作场所时，用人单位必须为劳动者配备适用的护听器，并指导劳动者正确佩戴和使用。具体可参照《护听器的选择指南》（GB/T 23466）。

◎ 规范作业

违章点 12 磨煤机房气焊切割没有执行动火安全措施

◎ 违章表现

磨煤机房是煤粉浓度较高的场所，平台、地面及设备上容易积聚煤粉，在磨煤机房进行气焊切割时，没有履行动火审批程序、没有进行动火前的粉尘浓度测量、也没有采取防止熔渣飞溅、备好消防器材等防火措施，引起火灾和爆炸事故。

◎ 违章现场

◎ 依据

《电力设备典型消防规程》（DL 5027）规定：在停用的制粉系统附近进行动火作业，必须将此设备处积粉清除干净，并采取可靠的安全措施，执行动火作业票制度。

◎ 规范作业

《安规》规定：进行焊接工作时，必须设有防止金属熔渣飞溅、掉落引起火灾的措施以及防止烫伤、触电、爆炸等措施。焊接人员离开现场前，必须进行检查，现场应无火种留下。

违章点 13 焊接作业人员防护不符合要求

◎ 违章表现

焊接作业人员未穿焊工服，未戴专用手套、气焊护目镜、脚罩等防护用具，可能造成工作人员烫伤、烧伤及眼睛伤害；其他人员在生产车间含有粉尘区域不佩戴防尘口罩工作易造成尘肺职业病。

◎ 违章现场

◎ 依据

《安规》规定：焊工应戴(工作帽)、工作鞋、穿全棉帆布工作服、戴手套。工作服上衣不应扎在裤子里，口袋应有遮盖，裤长至少应罩住鞋舌与鞋帮，必要时应配备鞋罩。工作服上不应有破损、孔洞和缝隙，领口、袖口处应严格闭合，防止飞溅的熔融金属或火花从接合部位进入，以免在仰焊、仰割时被灼伤。

◎ 规范作业

《中华人民共和国职业病防治法》规定：劳动者应当学习和掌握相关的职业卫生知识，遵守职业病防治法律、法规、章程和操作规程，正确使用、维护职业病防护设备和个人使用的职业病防护用品。

违章点 14 氧气瓶减压阀螺杆上沾有砂粒，安装减压器前未进行吹灰

◎ 违章表现

氧气瓶减压阀螺杆上沾有砂粒，安装减压器前未进行吹灰，使杂物进入减压阀内造成堵塞，如杂物含有油污，在使用时压力高的氧气与油脂接触将形成高温并引起燃烧，甚至爆炸。

◎ 违章现场

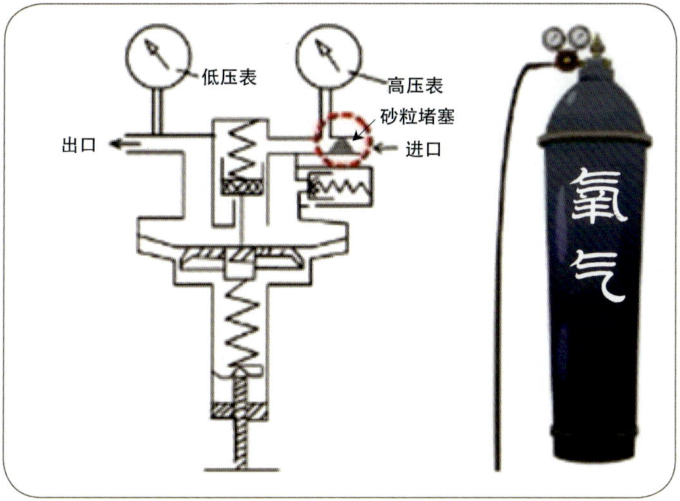

◎ 依据

《安规》规定：将减压器安装在气瓶阀门或输气管前，应注意：减压器（特别是连接头和外套螺帽）是否沾有油脂，如有油脂应擦洗干净。

◎ 规范作业

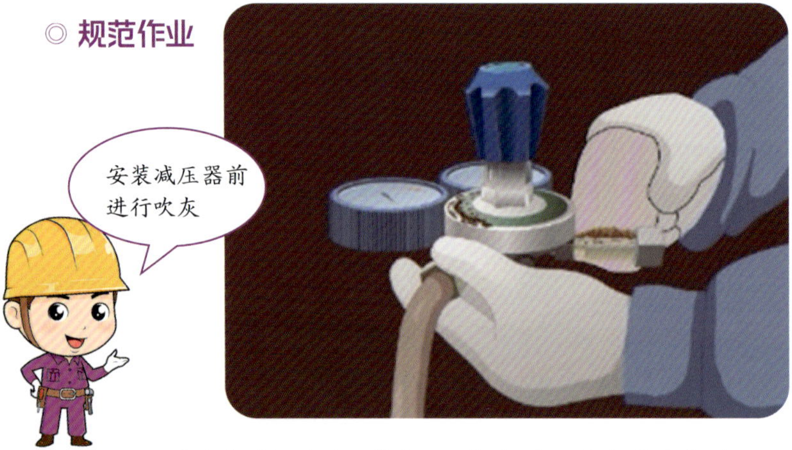

《电力建设安全工作规程 第1部分：火力发电》（DL 5009.1）规定：减压器（特别是接头的螺帽、螺杆）严禁沾染油脂，不得沾有砂粒或金属屑。

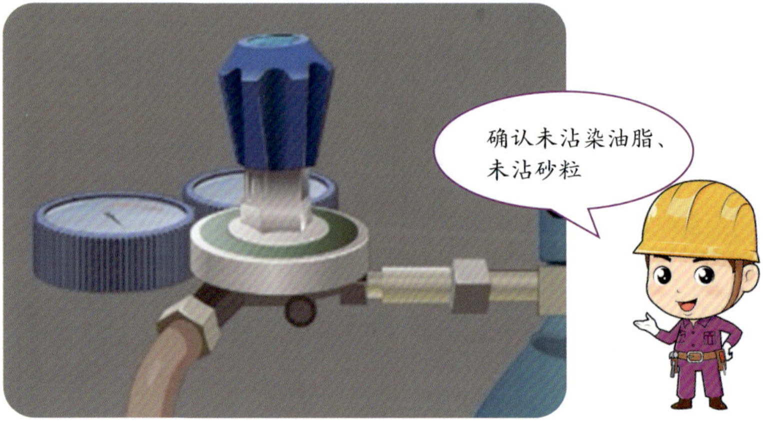

违章点 15 氧气瓶减压阀在气瓶上没有拧紧

◎ 违章表现

氧气瓶减压阀在气瓶上没有拧紧，使减压阀在氧气的高压冲击下飞出，造成氧气泄漏、气瓶倾倒等事故，从而引发人身伤害和设备设施损坏事故。

◎ 违章现场

◎ 依据

《电力建设安全工作规程 第1部分：火力发电》（DL 5009.1）规定：减压器螺母在气瓶上的拧扣数不少于5扣。

◎ 规范作业

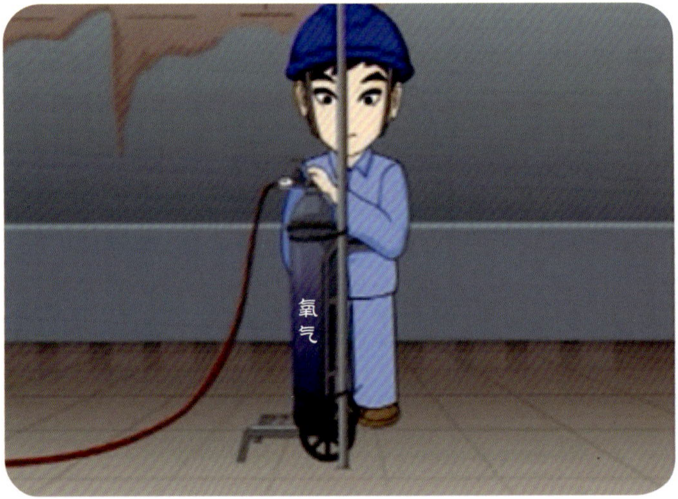

违章点 16 氧气瓶未按规定使用

◎ 违章表现

氧气瓶没有进行固定，发生氧气瓶倾倒，造成气瓶损坏甚至发生爆炸；连接减压阀之前没有对氧气瓶阀门进行开启吹扫，堵塞减压阀或焊具；减压阀和橡胶软管没有专用卡具固定，导致氧气泄漏，引起事故。

◎ 违章现场

◎ 依据

《安规》规定：使用中的氧气瓶和溶解乙炔瓶应垂直放置并固定起来。

◎ 规范作业

《安规》规定：在连接减压器前，应将氧气瓶输气阀门开启1/4转，吹洗1~2s，然后用专用的扳手安上减压器，工作人员应站在阀门连接头的侧方。

《安规》规定：橡胶软管的长度一般为15m以上。两端的接头（一端接减压器，另一端接焊枪）必须用特制的卡子卡紧，以免漏气或松脱。

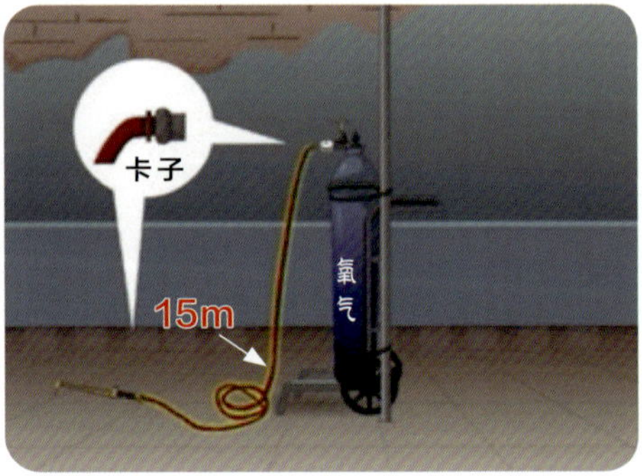

违章点 17 戴手套操作钻床

◎ 违章表现

戴手套操作钻床，在清理钻孔内铁屑时未停止钻头运行，并用手清理铁屑。手套一旦被钻头缠绕，会造成人身伤害；用手直接清理铁屑，会扎伤手部。

◎ 违章现场

◎ 依据

《安规》规定：使用钻床时，须把钻孔的物体安设牢固后，才可开始工作。清除钻孔内金属碎屑时，必须先停止钻头的转动；不准用手直接清除铁屑；使用钻床不准戴手套。

◎ 规范作业

违章点 18 戴手套擦拭转动机械或进行其他工作

◎ 违章表现

当戴手套擦拭转动机械的固定部分或进行其他工作时，手套被旋转、移动的部件绞住，可能会连同手臂一同被绞住，造成严重伤害。

◎ 违章现场

◎ 依据

《安规》规定：禁止在运行中清扫、擦拭和润滑机器的旋转和移动部分，严禁将手伸入栅栏内。清拭运转中机器的固定部分时，严禁戴手套或将抹布缠在手上使用，只有在转动部分对工作人员没有危险时，方可允许用长嘴油壶或油枪往油盅和轴承里加油。

◎ 规范作业

违章点 19 坐在机械转动、传动部分的保护罩上

◎ 违章表现

当工作人员坐在机械转动、传动部分的保护罩上时，衣服被绞卷造成人身伤害。

◎ 违章现场

◎ 依据

《安规》规定：禁止在栏杆上、管道上、靠背轮上、安全罩上或运行中设备的轴承上行走和坐立，如必须在管道上坐立才能工作时，必须做好安全措施。

◎ 规范作业

违章点 20 转动设备转动部分无保护罩

◎ 违章表现

转动设备转动部分无保护罩，工作人员靠近设备的转动部分时，衣服被绞卷造成人身伤害。

◎ 违章现场

◎ 依据

《安规》规定：机器的转动部分必须装有防护罩或其他防护设备（如栅栏），露出的轴端必须设有护盖，以防绞卷衣服。在机器转动时，禁止从靠背轮和齿轮上取下防护罩或其他防护设备。

◎ 规范作业

违章点 21 跨越输煤皮带

◎ 违章表现

当工作人员在皮带上站立、越过、爬过或传递各种用具时，皮带启动运转，人员被皮带卷入造成人身伤害事故。

◎ 违章现场

◎ 依据

《安规》规定：无论皮带运行中或停止时，禁止在皮带上下或其他有关设备上下站立、越过、爬过及传递各种用具，跨越皮带必须经过通行桥；禁止用皮带运送人员及工器具。

◎ 规范作业

违章点 22 输煤皮带两侧防护遮栏上无安全警示标志

◎ 违章表现

输煤皮带两侧防护遮栏上无安全警示标志，不能对靠近的人员进行警示和安全告知，人员跨越皮带，发生人身伤害事故。

◎ 违章现场

◎ 依据

《火力发电企业生产安全设施配置》（DL/T 1123）规定：输煤皮带两侧人行道应安装防护遮栏，并在遮栏上装设一定数量的“禁止跨越”标志牌。

◎ 规范作业

违章点 23 在机器转动中直接用手往传动皮带上撒松香

◎ 违章表现

在机器转动中装卸或校正皮带，或者直接用手往皮带上撒松香等物，被皮带卡子挂住，或者被卷进皮带和皮带轮之间的转动部分，对手臂造成严重伤害。

◎ 违章现场

◎ 依据

《安规》规定：对于正在转动中的机器，不准装卸和校正皮带，或直接用手往皮带上撒松香等物。

《安规》规定：运煤皮带在运行中不准对设备进行维修、人工取煤样或捡出石块等杂物的工作。工作人员应站在栏杆外面，袖口要扎好，以防被皮带挂住。

◎ 规范作业

违章点 24 使用有缺陷的工具

◎ 违章表现

使用工具前没有进行检查，大锤锤把上有油污、锉刀、手锯、螺丝刀等工具的手柄存在裂纹或安装不牢固等，使用中脱落，对作业人员造成伤害；如果在高处作业，工具脱落会砸伤下面的工作人员。

◎ 违章现场

◎ 依据

《安规》规定：使用工具前应进行检查，严禁使用不完整的工具。锉刀、手锯、木钻、螺丝刀等的手柄应安装牢固，没有手柄的不准使用。大锤和手锤锤把上不应有油污。严禁戴手套或用单手抡大锤，使用大锤时，周围不准有人靠近。

◎ 规范作业

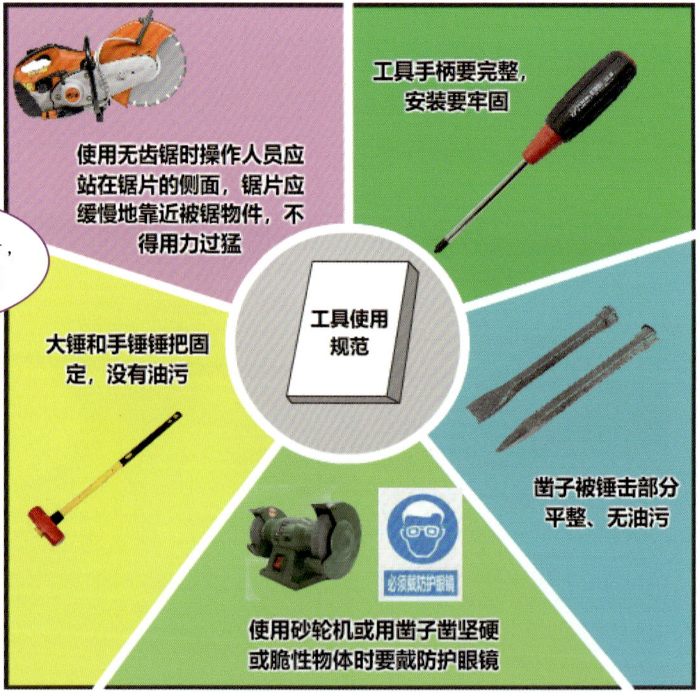
工具使用
规范
使用无齿锯时操作人员应站在锯片的侧面，锯片应缓慢地靠近被锯物件，不得用力过猛
工具手柄要完整，安装要牢固
錾子被锤击部分平整、无油污
使用砂轮机或用錾子錾坚硬或脆性物体时要戴防护眼镜
必须戴防护眼镜
大锤和手锤锤把固定，没有油污

使用工具要检查，
有缺陷的不能用

违章点㉕ 转动机械周围未设置安全警戒线

◎ 违章表现

转动机械周围未设置安全警戒线，新员工、外来人员、参观人员等靠近转动机械，造成人身伤害。

◎ 违章现场

◎ 依据

《火力发电企业生产安全设施配置》（DL/T 1123）规定：落地安装的转动机械周围0.8m处，应标有安全警戒线。转动设备联轴器上应加装牢固的红色防护罩。防护罩上应用白色箭头标注设备转动方向。

◎ 规范作业

扫码看课程